Bibliografische Information der Deutschen Nationalbibliothek:

Die Deutsche Bibliothek verzeichnet diese Publikation in der Deutschen Nationalbibliografie; detaillierte bibliografische Daten sind im Internet über http://dnb.d-nb.de/ abrufbar.

Impressum:

Druck und Bindung: Books on Demand GmbH, Norderstedt Germany
ISBN: 9783668496743

Dieses Buch bei GRIN:

http://www.grin.com/de/e-book/371588/zuwanderung-und-laendlicher-raum-ruhesitzmigration-in-internationaler

Charlott Zitschke, Jan-Erik Puschmann

Zuwanderung und ländlicher Raum. Ruhesitzmigration in internationaler Perspektive

GRIN Verlag

Themenfeld Wirtschaftsgeographie & Bevölkerungsentwicklung

Zuwanderung und ländlicher Raum: Ruhesitzmigration in internationaler Perspektive

Jan-Erik Puschmann und Charlott Zitschke

Friedrich-Schiller-Universität Jena
Institut für Geographie
GEO 225 Humangeographie I

Agenda

1. Hinführung zum Themenfeld

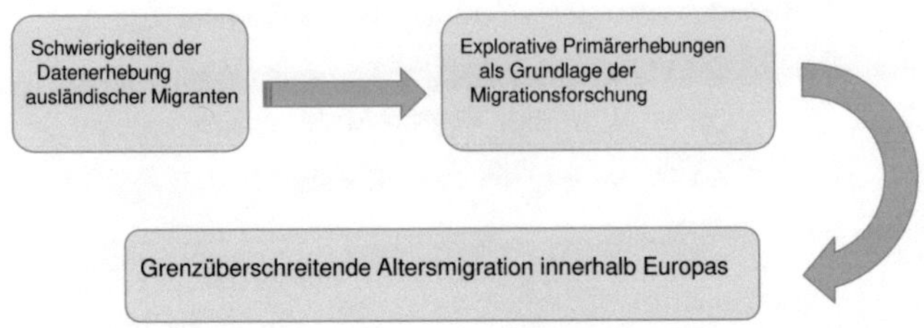

Abb. 1: Vorgehensweise zur Erschließung der Thematik im Referat (eigener Entwurf)

1. Hinführung zum Themenfeld

- **Migration** = permanenter oder zeitweiliger Wohnsitzwechsel aus einer administrativen Raumeinheit in eine andere

(Knox & Marston 2008:152)

- **Formen der Migration**

a) Emigration

b) Immigration

c) Permigration

(Hillmann 2014:109)

1. Hinführung zum Themenfeld

- **Wie wird Migration gemessen?**
  - Bruttomigration = Gesamtheit an Zu-und Abwanderungen
  - Nettomigration (Wanderungsbilanz) = Bevölkerungszunahme oder –abnahme infolge von Wanderungsgewinnen oder –verlusten

(DAUGHERTY & KAMMEYER 1995:111)

1. Hinführung zum Themenfeld

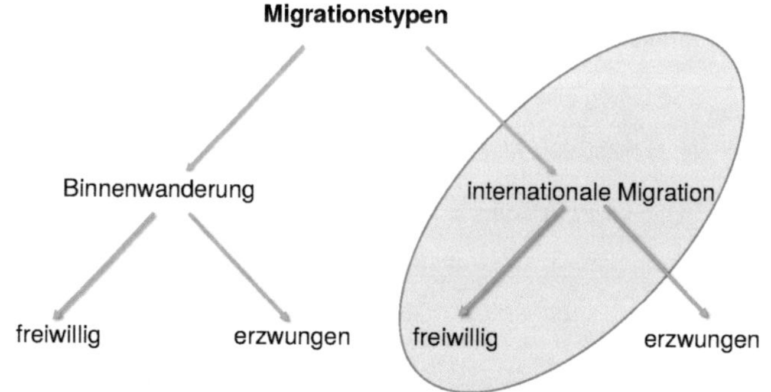

Abb. 2: Typen von Migration
(Datengrundlage: Knox & Marston 2008:154-155)

Abb. 3: Retirement Migrants (<http://blog.id.com.au/wp-content/uploads/older-baby-boomers.jpg>)(Zugriff:19.05.2016)).

2. Begriffsklärung Ruhesitzmigration

- **Ruhesitzmigration (retirement migration)** =

  Wanderung älterer Menschen in der nachberuflichen Phase über nationale Grenzen hinweg, die von einer gewissen Dauer sind und deren Motivation häufig auf die Verbesserung der Lebensqualität zielt

  ⟶ Wanderung in Wohnorte, die als Altersruhesitz dienen

(O'REILLY & BENSON 2009:102)

3. Schwierigkeiten der Datenerfassung ausländischer Migranten

- quantitative und qualitative Veränderung der Altersmigration

→ a) größere / heterogenere Personengruppe
→ b) Attraktivität ausländischer Zielregionen

- Aufkommen von Migrationsströmen älterer Nord- und Westeuropäer in mediterrane Länder
≙ Beginn der wissenschaftlichen Beachtung

- ABER: 1) Schwierigkeiten der Verfügbarkeit der nationalen Statistiken
2) Schwierigkeiten der nicht aufeinander abgestimmten Struktur
3) Altersmigranten werden nicht / wollen nicht erfasst werden
4) Altersmigration ⟷ Tourismus

(KAISER 2011:35-38)

8

4. Primärerhebungen als Grundlage der Migrationsforschung

- in Ermangelung aussagekräftiger statistischer Daten:

→ explorative Primärerhebungen

- Ziele der Forschungsprojekte:

- Ermittlung von Migrationsmustern
- herausarbeiten der soziodemographischen Charakteristika
- Analyse der Motivationen, Lebens-/Alltagserfahrungen

(KAISER 2011:37-39)

- Buller & Hoggart (1994): Projekt – Britischer Zweitwohnsitz in ländlichem Frankreich
  - Befragung zu Wanderungsmotiven
  - Frage der Kriterien bei der Zielgemeindenauswahl
  - Frage der Kriterien beim Kauf ihres Immobilienobjekts

(SEIDL 2010:159-160)

9

5. Grenzüberschreitende Altersmigration innerhalb Europas

Abb. 4: Die Quell- und Zielregionen der europäischen Altersmigration
(<http://medienwerkstatt-online.de/lws_wissen/bilder/2010-1.jpg> (Zugriff: 19.05.2016) eigene Hervorhebung).

5.1 Bevorzugte Zielgebiete

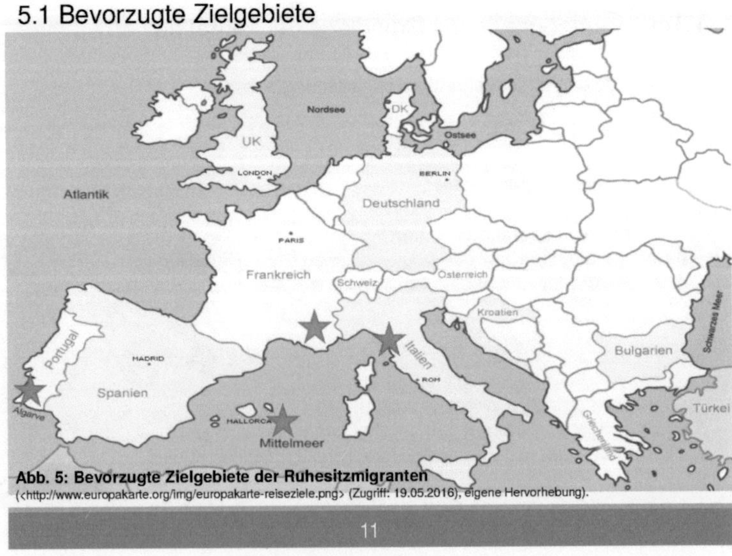

Abb. 5: Bevorzugte Zielgebiete der Ruhesitzmigranten
(<http://www.europakarte.org/img/europakarte-reiseziele.png> (Zugriff: 19.05.2016), eigene Hervorhebung).

5.2 Zusammensetzung der europäischen Altersmigranten

Abb. 6: Altersmigranten (<https://d30y9cdsu7xlg0.cloudfront.net/png/12530-200.png>)(Zugriff:21.05.2016)).

- vorwiegend verheiratete Paare (Zweipersonenhaushalt) = dominanter Haushaltstyp
- Anteil der Alleinlebenden nimmt nach dem Zuzug deutlich zu
- Altersphase: 50-65 Jahre

→ Altersmigration auf Bedürfnisse des „dritten Alters" ausgerichtet

- Hausbesitzer
- 20% : Jahr des Zuzugs ≙ Jahr des Renteneintritts

(KAISER 2011:195-196)

12

5.2 Zusammensetzung der europäischen Altersmigranten

Breuer (2003) Altersmigration auf den Kanarischen Inseln
Dauerresidenten (10-12 Monate Aufenthalt)
Übergangstyp (7-9 Monate Aufenthalt)
Überwinterer (3-6 Monate Aufenthalt)

(Datengrundlage: PRIES 2010:55-57)

O' Reilly (2000) Altersmigration der Briten nach Spanien
Full Residents (have no intention to ever return to live in their home country)
Returning Residents (escape for 2-5 months to Britain in cause of summer heat)
Seasonal Visitors (living in Britain, coming over in winter)
Peripatetic Visitors (Spain as second home → family commitments)
Tourists

(Datengrundlage: O'REILLY 2000:479-483)

13

5.3 Motive für die Migrationsentscheidung nach Südeuropa

a) politische Zugehörigkeit der südeuropäischen Länder zur EU
→ Erleichterung der innereuropäischen Migrationsbewegungen

(KAISER 2011:43-44)

Abb. 7: Die EU-Mitgliedsstaaten (<http://www.europakarte.org/img/europakarte-europaeische-union.png>)(Zugriff: 26.05.2016)).

5.3 Motive für die Migrationsentscheidung nach Südeuropa

b) wirtschaftliche Standortvorteile

- niedrigeres Preisniveau
- geringere Lebens-haltungskosten
- günstigere Grund-/ Immobilienpreise
- Ruhesitzmigranten beziehen zumeist Rente aus Deutschland

(KAISER 2011:43-44)

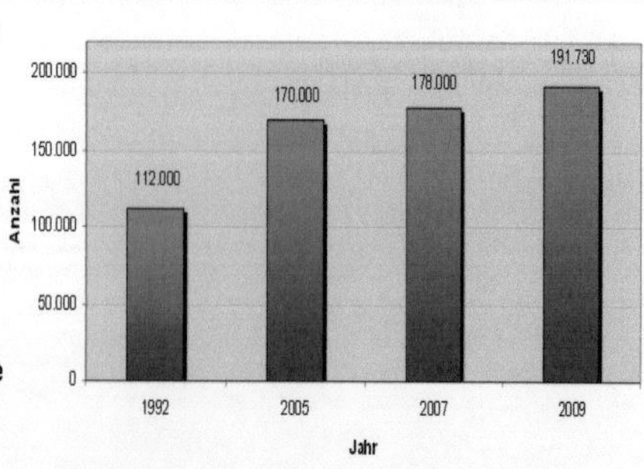

Abb. 8: Entwicklung der Rentenzahlungen an Deutsche ins Ausland (<www.deutscherentenversicherung.de>(Zugriff: 25.05.2016)).

5.3 Motive für die Migrationsentscheidung nach Südeuropa

c) klimatische Standortvorteile

- mediterranes Klima (≙ häufigstes Motiv in allen Studien)
- positive / negative Einstufung des Klimas je nach Interessen des Ruhesitzmigranten

→ Klima als Hauptmotor für saisonale Pendelmigration

(KAISER 2011:68-75)

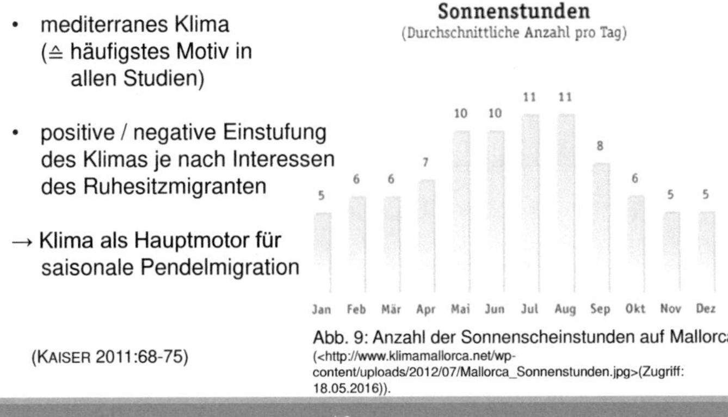

Abb. 9: Anzahl der Sonnenscheinstunden auf Mallorca (<http://www.klimamallorca.net/wp-content/uploads/2012/07/Mallorca_Sonnenstunden.jpg>(Zugriff: 18.05.2016)).

16

5.3 Motive für die Migrationsentscheidung nach Südeuropa

c) landschaftliche Standortvorteile

- Mythos des Dörflichen, Ursprünglichen, Unverfälschten

→ Suche nach „cultures, landscapes and ways of life“ (Thrift 1987)

(KAISER 2011:39-40)

Abb. 10: Mediterranes Ambiente (<http://www.aufleinwand.com/cache/Fotos/Mediterrane-Landschaft_995.jpg>(Zugriff:27.05.2016)).

17

5.3 Motive für die Migrationsentscheidung nach Südeuropa

d) „Mediterranean way of life"

→ Konnotationen:

- Mittelmeerküche
- entschleunigter Lebens- und Alltagsrythmus
- mehr Gelassenheit

<u>Auffälligkeit in mediterranen Küstengebieten</u>

- Konzentration älterer Migranten in nur wenigen Gemeinden
- Folge: Kettenmigration
  (Nachahmer suchen die Nähe zu erfolgreichen Altersmigranten)

Wahl der Zielgebiete ist abhängig von früheren Erfahrungen

(KAISER 2011:43)

5.4 Auswirkungen der Ruhesitzmigration

- Auswirkungen der Altersmigranten auf:

  a) die Zielregionen
  → infrastrukturelle Veränderungen

  b) die Aufnahmegesellschaften

<u>Buller und Hoggart (1994), mit dem Projekt:</u>

⟶ Soziale Integration britischer Hausbesitzer in ländliche Gemeinden Frankreichs
→ Unterschiede in der Sozialstruktur
→ unterschiedliche Vorstellungen von Landschaft/Ländlichkeit
→ Folgen: - sozio-ökonomische Auswirkungen
- unterschiedliche Wohnungs-/Siedlungspräferenzen
- aufgrund der Präferenzen:
Konflikte auf Immobilienmarkt nahezu ausgeschlossen

(HAAS 2015:54-63)

5.4 Auswirkungen der Ruhesitzmigration

Arrones (1990), Seiler, King, Warnes (1994), mit der Studie:

⟶ Unter Siedlungsdruck stehende Regionen (z.B. spanische Mittelmeerküste)
→ gestiegene Nachfrage nach Wohnimmobilien in Folge der Ruhesitzmigranten
→ Folgen: - Anstieg der Boden- /Immobilienpreise
- Veränderungsdruck auf Natur, Siedlungen, Häfen

c) auf die Migranten selbst
→ Klimafaktoren fördern die Motivation

(HAAS 2015:54-63)

20

6. Resümee

- theoretische Fundierung der grenzüberschreitenden Migration fehlt bisher weitgehend

→ Dominieren von empirischen Einzelprojekten (Konzentration auf Migrationsbewegungen und Akteure)

- offen gebliebene Fragen:

  Wird der Trend der Ruhesitzmigration weiterhin ansteigen?
  Wie werden die Zielgebiete diese Migration auffassen?

21

7. Studentische Arbeitsphase

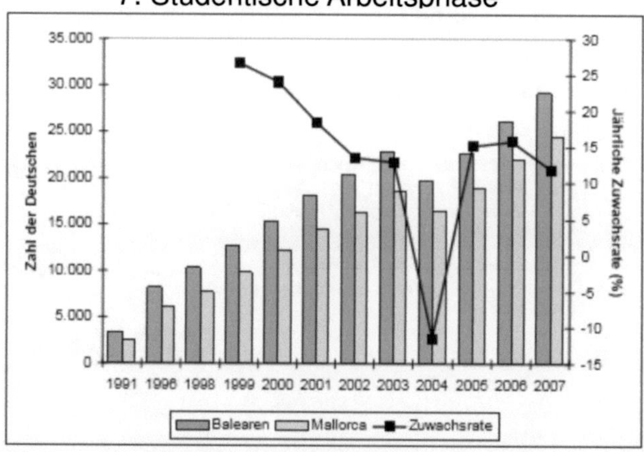

Abb. 11: Zahl der gemeldeten Deutschen auf den Balearen und auf Mallorca im Zeitraum von 1991-2007

(KAISER 2011:153)

7. Studentische Arbeitsphase

- Unterteilung in 2 Gruppen
  (Zeit: max. 10 Minuten)

  - Gruppe 1:
    1. Welche Pullfaktoren bewegen so viele Menschen des „dritten Alters" (Senioren) nach Mallorca zu migrieren? (Basistext S. 39-41)
    2. Welche eventuellen Schwierigkeiten könnten sich bei dem Migrationsprozess ergeben?
  - Gruppe 2:
    1. Welche Pushfaktoren könnten die Senioren abschrecken, ebenso nach Mallorca zu migrieren?
    2. Welche eventuellen Schwierigkeiten könnten sich bei dem Migrationsprozess ergeben?

Vielen Dank für Ihre Aufmerksamkeit!

8. Literatur

DAUGHERTY, H.G. & K.C.W. KAMMEYER (1995[2]): An Introduction to Population. New York: Longmann.

HAAS, R.H. (2015): Neue Formen des Alter(n)s: Internationale Ruhesitzmigration und transnationale Netzwerke deutscher Ruheständler in Denia. Michelstadt.

HILLMANN, F. (2014): Migration. Migration im Blickwinkel unterschiedlicher Perspektiven. In: LOSSAU, J., T. FREYTAG & R. LIPPUNER (Hrsg.): Schlüsselbegriffe der Kultur- und Sozialgeographie. Stuttgart: UTB Verlag, 108-123.

KAISER, C. (2011): Transnationale Altersmigration in Europa. Sozialgeographische und gerontologische Perspektive. Wiesbaden, 35-45.

KNOX, P.L. & S.A. MARSTON (2008[4]): Humangeographie. Heidelberg: Springer/Spektrum.

8. Literatur

O'REILLY, K (2000): The New Europa/Old Boundaries: British migrants in Spain - Journal of Social Welfare and Family Law 22, 4, 477-491

O'REILLY, K. & M.C. BENSON (HRSG.) (2009): LIFESTYLE MIGRATION: EXPECTATIONS, ASPIRATIONS, EXPERIENCES. SURREY: ASHGATE.

PRIES, L. (2010): Transnationalisierung. Theorie und Empirie grenzüberschreitender Vergesellschaftung. Wiesbaden: VS Verlag.

SEIDL, D. (2010): Multilokalität und Tourismus: Anregungen für eine Forschungsperspektive zwischen Mobilität und Verortung. In: LAUTERBACH, B. (Hrsg.): Auf den Spuren der Touristen. Perspektiven auf ein bedeutsames Handlungsfeld. Würzburg: Königshausen & Neumann, 153-174.